Bibliografische Information der Deutschen Nationalbibliothek:

Die Deutsche Bibliothek verzeichnet diese Publikation in der Deutschen Nationalbibliografie; detaillierte bibliografische Daten sind im Internet über http://dnb.d-nb.de/ abrufbar.

Impressum:

Druck und Bindung: Books on Demand GmbH, Norderstedt Germany
ISBN: 9783668376403

Dieses Buch bei GRIN:

http://www.grin.com/de/e-book/351292/simulation-eines-bremsvorgangs-ohne-abs-unter-verwendung-von-matlab-simulink

Demë Mulaj

Simulation eines Bremsvorgangs ohne ABS unter Verwendung von MATLAB/Simulink. Testen des Systems und Bewertung und Kritik

GRIN Verlag

Bremsvorgang ohne ABS

Simulation des Bremsvorgangs ohne ABS unter Verwendung von MATLAB / Simulink. Testen des Systems anhand unterschiedlichem Fahrzeuggewicht und Fahrzeuggeschwindigkeit sowie Bewertung und Kritik der Ergebnisse.

Demë Mulaj

Hagen, 14.12.2016

Inhaltsverzeichnis

Abbildungs- und Tabellenverzeichnis

Motivation

Falls Sie Kinder haben oder jemanden kennen der Welche hat, haben Sie vielleicht den Satz „*Das Kind simuliert*" schon Mal gehört. Manchmal spielen Kinder bestimmte Situation vor. Sie stellen sich an, um herauszufinden was dann passiere. Zum Beispiel stellen sich manche Kinder gerne Krank und „simulieren" ein Symptom, z. B. Bauchschmerzen. So untersucht das Kind den Fall „*Was passiert, wenn ich Bauchschmerzen habe*" und möchte dabei z. B. folgende Fragen beantwortete haben:

1. *Muss ich dann trotzdem früh in die Schule, oder kann ich liegen bleiben und mich von der Mathearbeit drücken, und*
2. *Falls ich trotzdem in der Schule zu gehen habe, muss ich am Schulsport teilnehmen oder kann ich auf der Bank sitzen bleiben?*

Das Kind stellen also eine Situation nach und möchte das Ergebnis erfahren. Vielleicht erwartet das Kind auch ein Bestimmtes Ergebnis aus vergangener Erfahrung. Das Ergebnis kann auch überraschend anders als erwartet ausfallen. In diesem Fall, wäre es dann notwendig, die „*Simulation*", zu verbessern, es also zu erweitert oder zu ergänzen. Man muss vielleicht das „*Modell Bauchschmerzen*" überarbeiten und die Symptome verstärken oder besser kombinieren.

Sie fragen sich wahrscheinlich, warum ich hier davon „*Bauchschmerzen*" rede. Nun, es gibt einige Parallelen zwischen dem beschriebenen Fall des kindlichen Simulierens und dem technischen Begriff der Simulation. Die Fragestellung „*Was ist, wenn dies oder jenes geschehe?*" und die Beantwortung dieser Frage ist zentraler Bestandteil der Modellbildung und der Simulationstechnik.

1. Begriffe

Lassen Sie uns zwei zentrale Begriffe zum Thema definieren. Was ist Simulation und was wird unter Simulationsmodell verstanden. Die VDI Richtlinie 3633 definiert den Begriff Simulation wie folgt:

„Simulation ist das Nachbilden eines Systems mit seinen dynamischen Prozessen in einem experimentierfähigen Modell, um zu Erkenntnissen zu gelangen, die auf die Wirklichkeit übertragbar sind.“[1,2]

Die Simulation möchte also Erkenntnisse gewinnen, die nicht nur im Modell sondern auch in der realen Welt Geltung haben. Die Simulation soll eine reale Aussagekraft besitzen. Bevor die Simulation stattfinden kann wird ein Modell, das Simulationsmodell erstellt, mit dem das System und die Prozesse des Systems samt seinem dynamischen Verhalten in einer irrealen Umgebung abgebildet und untersucht werden können. Das Modell, hier insbesondere das Simulationsmodell, wird wie folgt definiert[3,4]:

- *Das Modell ist eine vereinfachte (hier numerische, mathematische) Nachbildung eines geplanten oder real existierenden Systems.*
- *Das Modell dient der Simulation (Vorausberechnung) zukünftigen Verhaltens unter eine Vielzahl von Annahmen.*
- *Es hat ein Untersuchungsziel und es limitiert damit die zu berücksichtigten Eigenschaften des Systems*
- *Zu Modellbildung gehören die Definition des zu analysierenden Systems, die Identifizierung der zugehörigen Variablen und die möglichst exakte Beschreibung der Beziehung untereinander.*

Damit sind zwei zentrale Begriffe für den Zweck der hier vorliegenden Arbeit ausreichend definiert.

2. Zielsetzung

Die Arbeit möchte folgende Zieldefinition erfüllen:

- Unter Berücksichtigung von Kapitel 3.4 aus dem Buch „Modelbildung und Simulation dynamischer Systeme“ von Prof. Helmut Scherf (2010) soll der Bremsvorgang eines PKWs analysiert und simuliert werden.[5] Dazu, sollen zunächst:
    - Die Physikalischen Grundlagen erarbeitet und erläutert werden *(und)*
    - Die Aufstellung der mathematischen Gleichungen herangeführt werden

[1] *Vgl. VDI Richtlinie 3633*
[2] *Vgl. Scherf, Helmut (2010), Modellbildung und Simulation dynamischer Systeme, S.1-3*
[3] *Vgl. IAT, Einführung in die Simulationstechnik, S 1-3.*
[4] *Vgl. onpulson.de, http://www.onpulson.de/lexikon/simulationsmodell/ (27.11.2016)*
[5] *Vgl. Scherf, Helmut (2010), Modellbildung und Simulation dynamischer Systeme, S.24 - 35*

In einem weiteren Schritt soll:

- Die Simulation mit MATLAB/ Simulink® stattfinden
    - Es ist dabei zentrales Ziel, dass die Anfangsgeschwindigkeit und die Masse des Fahrzeuges mehrfach innerhalb realistischer Werte variieren *(und)*
    - Dass die Ergebnisse der Simulation dargestellt werden *(und)*
    - Dass Aussagen getroffen werden
- Anschließend soll eine kritische Auseinandersetzung erarbeiten werden, sowie eine Reflexion der eigenen Arbeit solle stattfinden.

3. Bremsvorgang eines PKWs ohne ABS

Wir eröffnen in diesem Kapitel die technische Diskussion und näheren uns damit dem Kern unserer Arbeit. Es steht uns die Fallbeschreibung „Bremsvorgang eines PKW ohne ABS" zur Verfügung. Wir beschreiben die dazugehörigen Physik bzw. Mathematik des Falles. Anhand dessen kann anschließend die Modellbildung und Simulation stattfinden.

Ein Fahrzeug mit einer Masse (m) und einer Anfangsgeschwindigkeit (vF, 0) bremst, beschreibt einen Bremsweg auf dem Asphalt, und kommt zum Stillstand. Wie kann solch ein dynamisch-mechanisches System physikalisch weiter beschrieben werden? Diese Frage werden wir im nächsten Kapitel behandeln.

3.1. Physikalische Grundlagen

Die untere Abbildung zeigt ein fahrendes Fahrzeug mit einer Anfangsgeschwindigkeit ($V_{F,0}$). Sobald der Bremsvorgang ausgelöst wird, verlangsamt sich das Fahrzeug bis zum Stillstand.

Dabei wirken einige unterschiedliche Kräfte auf das Auto (s. Abbildung 1):

- Zwischen den Reifen und dem Asphalt wirken die Reibungskräfte (F_R)
- Entgegen der Fahrtrichtung wirkt die Luftwiderstandskraft (F_L)
- Die d'Alembertsche Trägheitskraft ($m \cdot \ddot{x}$) wirkt ebenfalls entgegen der Bewegungsrichtung und somit entgegen der Fahrtrichtung des Fahrzeuges

Die Reibungskraft wirken im Latsch der Reifen. Aufgrund des Nickmoments, der durch die Verzögerung des Fahrzeuges entsteht, ist die Reibungskraft auf dem Vorderrad ($F_{R,V}$) größer als die Reibungskraft auf dem Hinterrad ($F_{R,H}$). Die Summe aller Reibungskräfte wird später zu F_R zusammengesetzt.

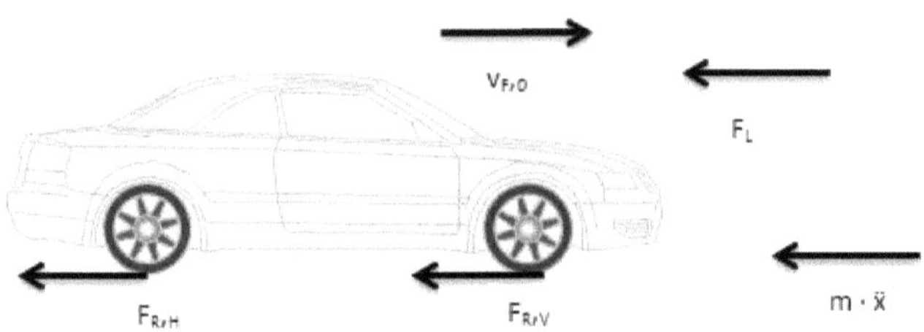

Abbildung 1 Bremsendes Fahrzeug
Quelle: in Anlehnung an Scherf, Helmut (2010), Modellbildung und Simulation dynamischer Systeme, S.24

Sobald der Bremsvorgang startet wird das Bremsmoment durch dir Bremsscheiben auf die Räder übertragen und die Winkelgeschwindigkeit der Räder nimmt ab.

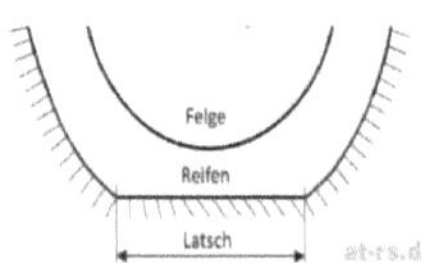

Abbildung 2 Latsch

Das Ausführen des Bremsvorgangs erzeugt im Latsch einen Schlupf. Diese entsteht durch den Unterschied zwischen der Radumfangsgeschwindigkeit und der Geschwindigkeit des Fahrzeugs. Die Reibungskraft ist somit abhängig vom Latsch und dem erzeugten Schlupf. [6]

Weitere Parameter sind wie folgt definiert:

$V_{F,0}$	= 100 km /h	Anfangsgeschwindigkeit
m	= 1500kg	Fahrzeugmasse
r_R	= 0,3 m	Reifenradius
J_R	= 0.8 kgm^2	Massenträgheitsmoment der Reifen
A	= 2 m^2	Stirnfläche des Fahrzeugs
c_w	= 0,3	Luftwiderstandsbeiwert
ρ	= 1,2 kg/m^3	Luftdichte
c_1	=0,86	Koeffizient für Reibbeiwertberechnung
c_2	=33,82	Koeffizient für Reibbeiwertberechnung
c_3	=0,36	Koeffizient für Reibbeiwertberechnung

3.2. Aufstellung der Bewegungsgleichungen

Für die Aufstellung der Gleichung ist es notwendig, dass Räder und Fahrzeug unabhängig voneinander betrachtet werden.

[6] *Vgl. Scherf, Helmut (2010), Modellbildung und Simulation dynamischer Systeme, S.24*

Zunächst wird das Rad freigeschnitten und es wird der Bremsvorgang an einem Rad untersucht:

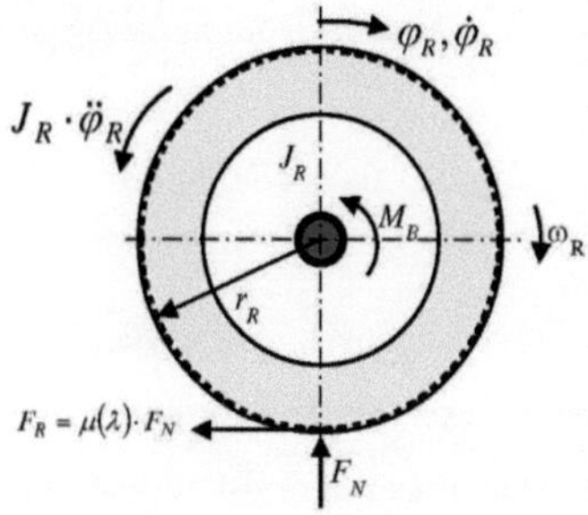

Abbildung 3 Freigeschnittenes Rad

- ω_R ist die Winkelgeschwindigkeit der
- φ_R ist der Drehwinkel des Rade
- $\dot{\varphi}_R$ ist die Drehwinkelgeschwindigkeit
- M_B ist das Bremsmoment
- F_N ist die Normalkraft
- F_R ist die Reibungskraft als Produkt aus der Normalkraft F_N und des Reibungskoeffizienten $\mu(\lambda)$
- $J_R \cdot \ddot{\varphi}_R$ ist der d'Alembertsche Trägheitsmoment
- J_R ist das Trägheitsmoment und
- $\ddot{\varphi}_R$ ist die Drehwinkelbeschleunigung
- r_R ist der Reifenradius

Quelle: Scherf, Helmut (2010), Modellbildung und Simulation dynamischer Systeme, S.24

Die Untersuchung der Radbewegung ergibt folgendes:

1. Über die Reibungskraft, die im Latsch entsteht, und den Radius des Reifens entsteht das Drehmoment M_R welches das Rad nach rechts fortbewegt.
2. Während der Fahrt dreht sich das Rad mit einer Winkelgeschwindigkeit nach rechts; sobald
   der Bremsvorgang ausgelöst wird, wirkt das Bremsmoment M_B linksherum.
3. Das d'Alembertsche Trägheitsmoment $J_R \cdot \ddot{\varphi}_R$ wird entgegen der positiv gewählten Richtung (der Fahrtrichtung) eingetragen.

Somit gelangt man zu dem Momentengleichgewicht (Summe aller Momente = 0):

$$M_R - M_B - J_R \cdot \ddot{\varphi}_R = 0 \qquad (F.1)$$

Die entscheidend für die Modellierung und Simulation ist.

Wobei der Drehmoment dem Produkt aus der Reibungskraft und dem Radius entspricht:

$$M_R = F_R \cdot r_R \qquad (F.2).$$

Die Reibungskraft entspricht dem Produkt aus dem Reibungskoeffizienten und der Normalkraft:

$$F_R = \mu \cdot F_N \qquad (F.3).$$

Möchte man auch das Nickmoment berücksichtigen, so ist zu beachten dass die Normalkraft F_N dann größer als die Gewichtskraft $m \cdot g$ ist. [7]

Bezüglich dem Reibungskoeffizienten μ ist zu beachten, dass dieser vom Schlupf abhängig ist. Der Schlupf λ ist wie folgt definiert:

$$\lambda = \frac{vF - vR}{vF} \qquad (F.4)$$

und sagt letztendlich folgendes aus: die Differenz zwischen der Fahrzeuggeschwindigkeit und der Radgeschwindigkeit wird auf die Fahrzeuggeschwindigkeit bezogen. Ein blockiertes Rad, das sich nicht mehr dreht, würde daher (mit einer Winkelgeschwindigkeit von $\omega_R = 0$ und eine Radgeschwindigkeit $vR = 0$) ein Schlupf von $\lambda = 1$ vorweisen. Ein frei rollendes Rad hat dagegen ein Schlupf von $\lambda = 0$.

Wir formulieren F.1 um:

$$J_R \cdot \ddot{\varphi}_R = M_R - M_B \qquad (F.5)$$

Und stellen nach der Winkelbeschleunigung:

$$\ddot{\varphi}_R = \frac{M_R - M_B}{J_R} \qquad (F.6)$$

Die Umstellung nach der Winkelbeschleunigung ist nützlich für die Simulation.

[7] *Wird aufgrund des Umfangs nicht weiter darauf eingegangen. In dem hier behandeltem Fall ist in Ablehnung an Scherf (2010) Kapitel 3.4 der Nickmoment mit einem Faktor von 1,5 berücksichtigt worden; also wurde in dem Modell die Normalkraft (m · g) mit 1,5 multipliziert.*

Nun wird das Fahrzeug freigeschnitten und es werden die Kräfte eingetragen:

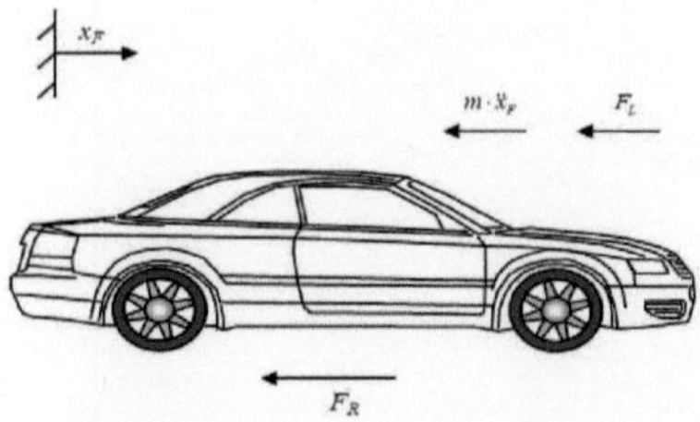

- F_R ist die Summe der Reibungskraft aller Räder.
- $m\ddot{x}_F$ ist die d'Alembertsche Trägheitskraft
- F_L ist die Luftwiderstandkraft

Abbildung 4 Freigeschnittenes Fahrzeug

Quelle: Quelle: Scherf, Helmut (2010), Modellbildung und Simulation dynamischer Systeme, S.26

Für die Beschreibung der Fahrzeugbewegung orientieren wir uns an der Koordinate x_F. Die Reibungskraft aller vier Räder F_R wirkt entgegen der Fahrzeugbewegung. Genauso verhält es sich bei der Luftwiderstandkraft F_L. Die d'Alembertsche Trägheitskraft $m \cdot \ddot{x}_F$ wird entgegen der Bewegungsrichtung des Körpers eingetragen.

Somit gelangt man zu dem Kräftegleichgewicht:

$$F_R + F_L + m \cdot \ddot{x}_F = 0 \qquad (F. 7).$$

Wobei die Reibungskraft F_R unter Berücksichtigung von F.3 und F.4 auch als

$$F_R = \mu(\lambda) \cdot F_N \qquad (F.8)$$

geschrieben werden kann.

Der Luftwidertand F_L ist definiert als

$$F_L = c_W \cdot A \cdot \frac{\rho}{2} \cdot v_F{}^2 \qquad (F.9).$$

Wir setzen zunächst in F.7 die Formel F.8 und F.9 ein und stellen nach der Trägheitskraft um:

$$m \cdot \ddot{x}_F = - F_R - F_L$$

$$= - \mu(\lambda) \cdot F_N - c_W \cdot A \cdot \frac{\rho}{2} \cdot v_F{}^2 \qquad (F.10)$$

Dann stellen wir nach der Fahrzeugbeschleunigung:

$$\ddot{x}_F = \frac{-F_R - F_R}{m} \qquad (F.11)$$

Die Umstellung nach der Fahrzeugbeschleunigung ist nützlich für die Simulation.

3.3. Simulation mit MATLAB Simulink®

Für die Simulation wird die Software MATLAB Simulink® verwendet. Dazu werden die obigen Gleichungen durch sogenannte Blocks dargestellt. Das Verhalten des Systems wird in einem Blockschaltbild aufgebaut, um das dynamische Verhalten zwischen den einzelnen Blocks simulieren zu können. Simulink® bietet hierzu eine Reihe von geeigneten Blocks für verschiedene Operationen. Einige für die Simulation wesentliche Blocks möchte ich hier kurz vorgestellt und in Verbindung mit den obigen Formeln bringen. Das komplette Blockschaltbild ist dem Anhang hinzugefügt und kann dort begutachtet werden.

Folgende Blocks sind für den Aufbau der Simulation unseren Systems besonders wichtig. Es ist zu empfehlen, parallel hierzu die Formeln und das Schaltbild im Anhang zu beachten:

<table>
<tr><td>Integrator Limited
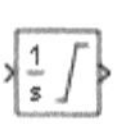</td><td>Kurzbeschreibung (Quelle: Simulink Help)
The Integrator block outputs the value of the integral of its input signal with respect to time.</td></tr>
<tr><td colspan="2">Bezug zu unserem den Formeln und dem Blockschaltbild
Wir nutzen den Integrator Block in drei Fällen und zwar um durch Integration
- aus der Drehwinkelbeschleunigung $\ddot{\varphi}_R$ die Winkelgeschwindigkeit des Rades w_R zu berechnen (Integration von F.6)
- aus der Fahrzeugbeschleunigung $\ddot{x}_F$ die Fahrzeuggeschwindigkeit v_F zu berechnen bzw. (1. Integration von F.11)
- aus der Fahrzeuggeschwindigkeit v_F den Weg zu berechnen. (2. Integration von F.11)</td></tr>
<tr><td colspan="2"></td></tr>
</table>

Gain	Kurzbeschreibung (Quelle: Simulink Help)
	The Gain block multiplies the input by a constant value (gain). The input and the gain can each be a scalar, vector, or matrix.

Bezug zu unserem den Formeln und dem Blockschaltbild

Wir nutzen den Block Gain für Division oder Multiplikation in fünf Fällen

- aus dem Antriebsmoment M_R und dem Bremsmoment M_B die Winkelbeschleunigung zu berechnen
- aus der Winkelbeschleunigung des Rades w_R durch Multiplikation mit dem Radradius r_R die Radgeschwindigkeit v_R zu berechnen
- um für die Berechnung der Reibungskraft F_R den Reibungskoeffizienten μ um den Nickmoment zu ergänzen in dem wir die Normalkraft $F_N = m \cdot g$ nochmal mit einem Faktor von 1.5 verstärken (Entspricht F.3 und F.4).
- um aus der Reibungskraft F_R durch Multiplikation mit dem Radradius r_R den Antriebsmoment M_R zu berechnen (Entspricht F.2).
- um die Fahrzeugbeschleunigung $\ddot{x}_F$ aus der Luftwiderstand, der Reibungskraft und der Fahrzeugmasse zu berechnen (Entspricht F.11)

Fcn	Kurzbeschreibung (Quelle: Simulink Help)
	The Fcn block applies the specified mathematical expression to its input. The expression can include one or more [different] components.

Bezug zu unserem den Formeln und dem Blockschaltbild

Wir nutzen den Fcn Block für die Darstellung von Formeln in zwei Fällen und zwar um

- die Luftwiderstandkraft zu berechnen , wobei die Fahrzeuggeschwindigkeit als Variable einfließt (Entspricht F.9)
- den Reibungskoeffizienten μ aus Schlupf λ zu berechnen (Entspricht F.8).

Das komplette Blockschaltbild ist im Anhang hinzugefügt. Die Simulation wird nun mit den Parametern, wie auf Seite 7 gezeigt abgespielt. Die Anfangsparameter (m = 1500 kg und $V_{F,0}$= 100 km/h) sind in einer Skript- Datei[8] mit dem Namen *case0.m* hinterlegt (s. Anhang). Im Folgenden Kapitel werden die Ergebnisse für 6 unterschiedliche Fälle dargestellt und diskutiert.

3.4. Simulationsergebnisse

In der folgenden Tabelle sind für sechs unterschiedliche Fälle die Simulationsergebnisse dargestellt. Wobei *case0* dem Fallbeispiel von Prof. Scherf auf Kapitel 4.3 entspricht.[9] In der linken Spalte ist der jeweilige Fall kurz beschrieben. Es ist versucht worden recht reale

[8] *Angermann, Buschel, Rau, Wohlfarth (2009), MATLAB®-Simuink®- Stateflow®, S, 21 ff.*

[9] [9] *Vgl. Scherf, Helmut (2010), Modellbildung und Simulation dynamischer Systeme, S.24*

Fallbeispiele zu generieren. Danach folgen zwei Spalten mit Grafiken (sog. Plots), die das Simulationsergebnis visualisieren. Die linke Graphik zeigt die Rad- und Fahrzeuggeschwindigkeit im Verhältnis zu Zeit und die rechte Graphik zeigt den Bremsweg (ebenfalls bezogen auf die Zeit). Damit ein Vergleich auch visuell gut möglich ist, sind sie X- und die Y- Achsen gleich skaliert. Die Werte aus der zweiten Graphik (Bremsweg und Bremsdauer) sind in den zwei rechten Spalten nochmal in Zahlen lesbar. Für die Erzeugung der Plots wurden entsprechende befehle in MATLAB Comand Window eingegeben. Die Spezifikation dieser Befehl ist im Anhang hinzugefügt worden und kann für jeden Fall nach der Initialisierung des entsprechenden Falls immer gleich eingesetzt werden.[10]

[10] *Vgl. Bosel, Angelika (2012), Einführung in MATLAB/Simulink, S. 85 ff*

Fallbeispiel	Auswertung Radgeschwindigkeit vR und Fahrzeuggeschwindigkeit vF	Auswertung des Bremsweges über die Zeit	Bremsweg in m	Brems-dauer in s
Case0: $V_{F,0}$=100 km /h , m=1500 kg Entspricht dem Fallbeispiel von Scherf (2010) Kapitel 3.4. [11]	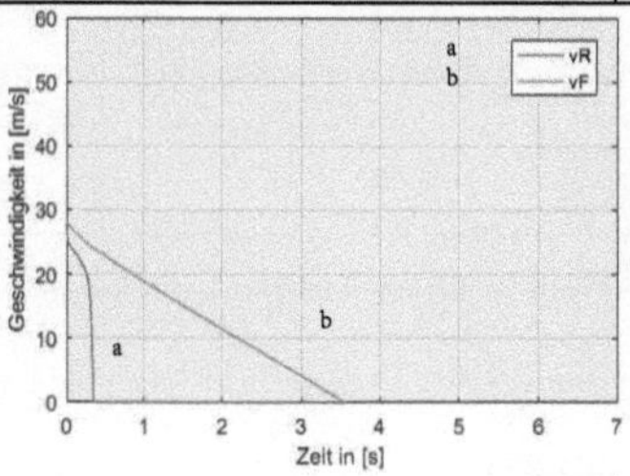	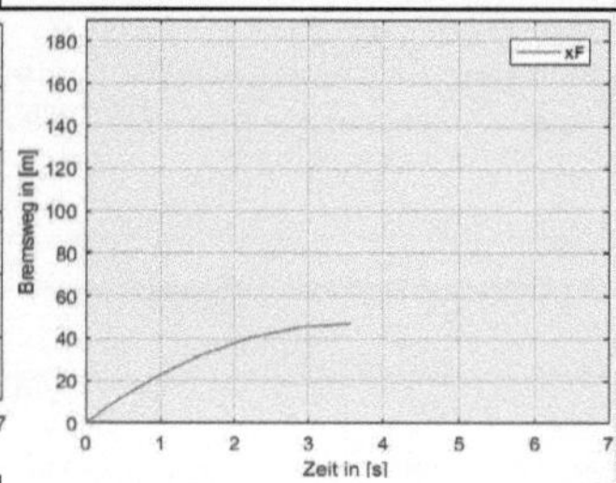	47,05	3,56
Case1: $V_{F,0}$=130 km /h , m=1500 kg Entspricht einem Kleinwagen mit zwei Insassen (z.B. dem BMW 1)[12]	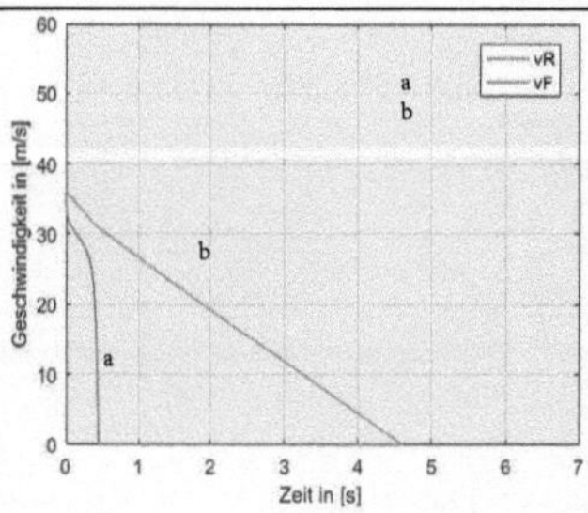	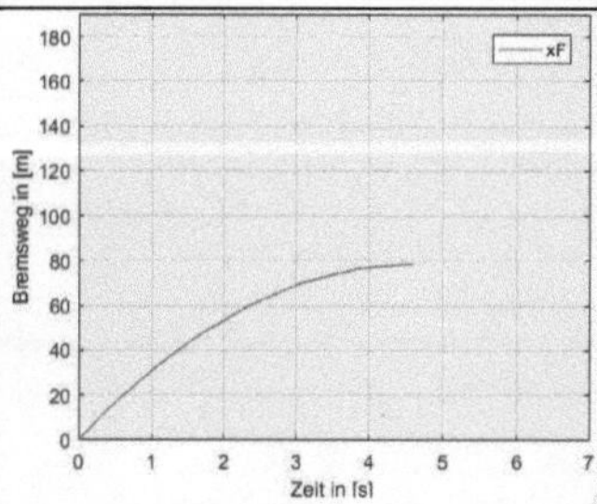	78,80	4,60
Case2: $V_{F,0}$=130 km /h , m=1600kg Entspricht in etwa einem SUV[13] (von klasse VW Tiguan Cityscape) mit einem Insasen von ca 80 kg und ca 30 kg	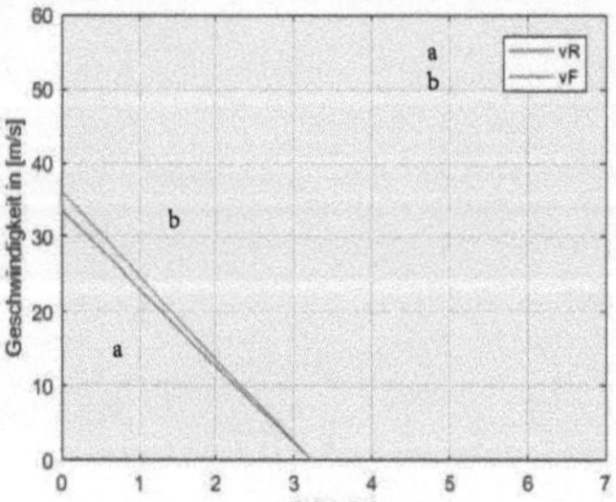	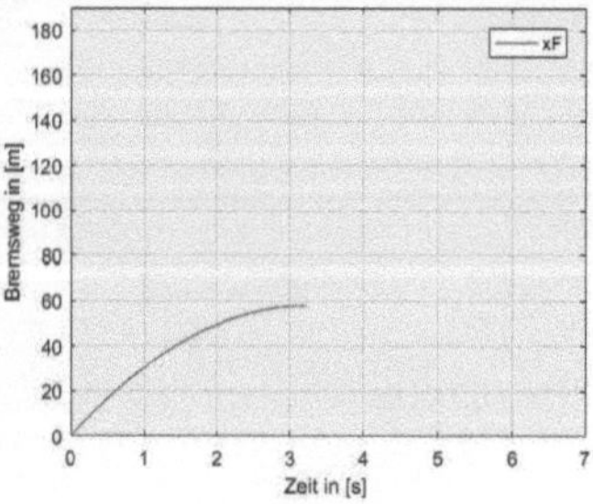	58,02	3,22

[11] *Vgl. Scherf, Helmut (2010), Modellbildung und Simulation dynamischer Systeme, S.24*

[12] http://www.bmw.de/de/neufahrzeuge/1er/3-tuerer/2015/technische-daten.html

[13] *http://www.mobile.de/modellverzeichnis/volkswagen/tiguan-tab-technische-daten.html, abgerufen am 14.12.2016*

Beladung.				

Fallbeispiel	**Auswertung Radgeschwindigkeit vR und Fahrzeuggeschwindigkeit vF**	**Auswertung des Bremsweges über die Zeit**	**Bremsweg in m**	**Brems-dauer in s**
Case3: $V_{F,0}$=130 km /h , m=1800kg Entspricht einer Großraumlimousine mit zwei Insassen. [14] (z.B. dem VW Sharan mit einer Fahrerin von 65 kg und einem Kind von 35 kg)	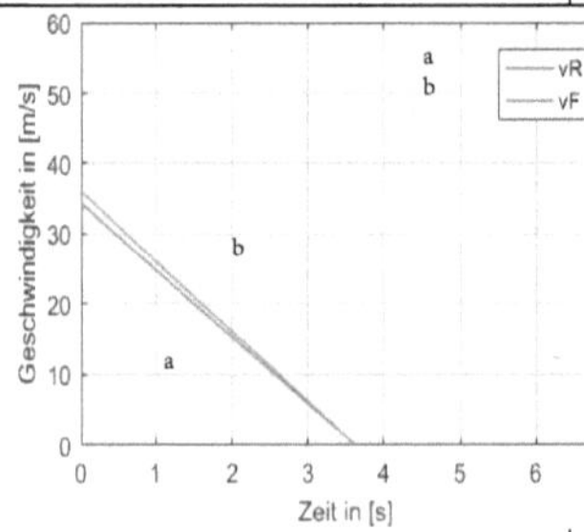	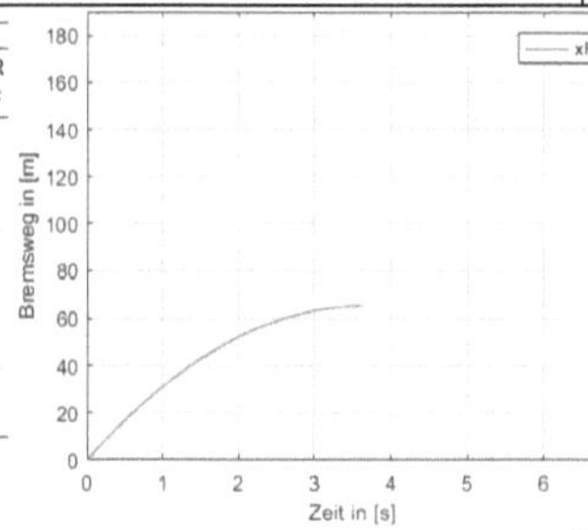	65,22	3,63
Case4: $V_{F,0}$=200 km /h , m=1800kg Entspricht einer Großraumlimousine mit zwei Insassen. [15] (z.B. dem VW Sharan mit einer Fahrerin von 65 kg und einem Kind von 35 kg)	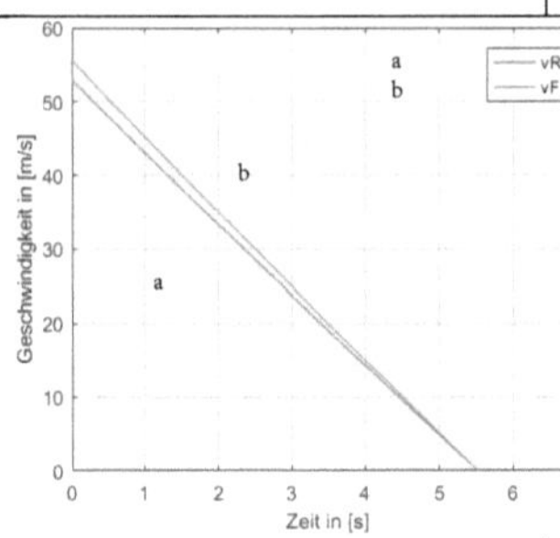	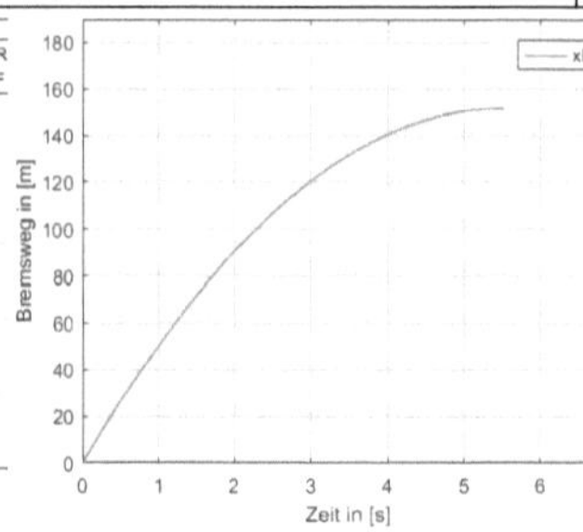	151,74	5,51

[14] *http://www.mobile.de/modellverzeichnis/volkswagen/sharan-neuwagen-tab-technische-daten.html, abgerufen am 14.12.2016*
[15] *http://www.mobile.de/modellverzeichnis/volkswagen/sharan-neuwagen-tab-technische-daten.html, abgerufen am 14.12.2016*

<table>
<tr>
<td>Case5:
$V_{F,0}$=200 km /h ,
m=1500kg

Entspricht in etwa einem Sportwagen mit einem Insassen [16] (z.B. einem Audi TT mit einem Insassen und einem Kasten Getränke im Gepäck)</td>
<td>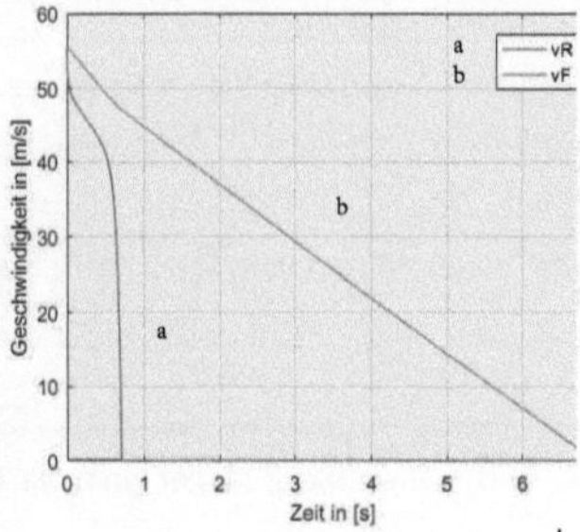
</td>
<td>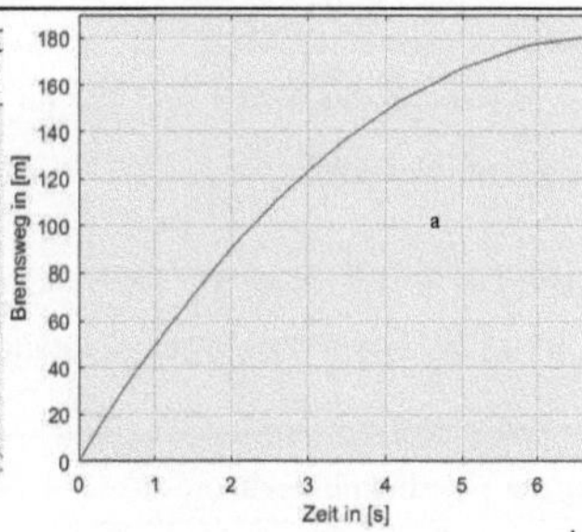
</td>
<td>181,38</td>
<td>6,95</td>
</tr>
</table>

[16] https://www.audi.de/de/brand/de/neuwagen/tt/tt-coupe.html#layer=/de/brand/de/neuwagen/tt/tt-coupe.engine_compare.FV307L0.techdata.html, abgerufen am 14.12.2016

3.5. Auswertung

Schaut man sich die obige Graphiken und Zahlen für die unterschiedlichen Fälle an, so ergibt die Auswertung insgesamt folgendes:

- Fährt man mit 100 km /h in einem Fahrzeug von einer Masse von 1500 kg (case0) so ist der Bremsweg 65,22 m lang und der Bremsvorgang dauert 3,63 s. Die Räder blockieren nach 0,34 Sekunden.
- Erhöht man die Geschwindigkeit um 30 % so wird der Bremsweg länger und die Bremsvorgang daurt ebenfalls länger. Der Bremsweg steigert sich um 67 % und die Bremsdauer verlängert sich um 29 %. Die Räder blockieren in diesem Fall nach 0,44 Sekunden. (Vgl. *case0* mit *case1*).
- Erhöht man jedoch gleichzeitig auch die Masse des Fahrzeuges um 100 kg (6,7%) so blockiseren die Räder dann nicht. Der Bremsvorgang dauet etwas weniger lang. Der Bremsweg wird aber länger und steigt von 47,05 auf 58,02 Meter (Vgl case0 mit case2).
- Vergleicht man *case1* mit *case3*, die einen Unterschied in der Fhrzeugmasse von 20 % aufweisen, so ist eine Verkürzung des Bremswegs und der Bremsdauer ersichtlich und die Räder blockieren in diesem Fall nicht.
- Behält man dagegen die Masse bei und verdoppelt die Geschwindigkeit, was im Vergleich *case0* zu *case5* zu sehen ist, so verlängert sich der Bremsweg um das 3,8 Fache (von 47,05 m auf 181,38 m)und die Bremsdauer ist fast verdoppelt (von 3,56 auf 6,95 Sekunden)
- In den Fällen mit einer Fahrzeugmasse von über 1500 kg (case2, case3 & case4) blockieren die Räder nicht.
- Darüber hinaus ist auch interessant der Vegrleich *case1* mit *case2*. Bei gleich bleibender Geschwindigkeit führt eine Erhöhung der Fahrzeugmasse um 100 kg dazu, dass die Räder nicht blockieren und ein wesentlich kürzerer Bremsweg (von 58,02 m im Vergleich zu 78, 8 m) verzeichnet werden kann.

<u>Angesichts dieser Vergleicheswerte können folgende Aussagen untermauert werden:</u>

1. Eine etwas höhere Geschwindigkeitszunahme kann den Bremsweg und die Bremsdauer erheblich verlängern (case0 zu case1).
2. Blockierende Räder verlängern den Bremsweg bzw.: Bei eine höhere Fahrzeugmasse, blockiert die Räder nicht.
3. Flogerichtg gilt:Bei nicht blockierende Räder ist der Bremsweg und die Bremsdauer kürzer. (case2, case3, case4)

4. Eine erheblich höherer Fahrzeuggeschwindigkeit (Verdoppelung) führt nicht dazu, dass die Räder nicht blockieren (case5).
5. Es scheint eher keinen Zusammenhang zwischen Geschwindigkeit und das Blockieren der Räder zu geben.
6. Eine Verdoppelung der Fahrzueggeschwindigkeit verdoppelt die Bremsdauer und (fast) vervierfacht den Bremsweg (case5).

Diese Aussagen können entscheidend für die Fahrzeugsicherheit sein und bieten ausreichend Inhalt um regeln für den nötigen Abstand bei entsprechender Geschwindigkeit abzuleiten. Man kann daraus ableiten bei einer Fahrt auf Autobahn mit 100 km/h ist grundsätzlich ein Abstand von mindestens 50 m zu halten. Das würde auch der allgemein bekannten Regel vom "halben Tacho" entsprechen. Überraschend sind die Ergebnisse bei einer höhere Geschwindigeiten z.B. *case4* und *case5* . Bei einer Geschwindigkeit von 200 km/h scheint die Regel von "halben Tacho" nicht mehr zu stimmen, und zwar weder für Fahrzeuge mit höherem Gewicht von 1800 kg (case4), noch für Fahrzeuge von niedriegerem Gewischt von 1500 kg (case5). In beiden Fällen sollte laut dem hier Simulierten Ergebniss die Regel lauten, dass der Abstand eher "3/4 vom Tacho" betragen sollte. Angesicht der Tatsache, dass immer mehr Fahrzeuge immer schneller Fahren erscheint diese Regel für schneller Fahren auf der Autobahn wichtig.

4. Kritische Auseinandersetzung

Folgende kritische Auseinandersetzung möchte ich als Verbindungsfaden zwischen Simulation, Ergebnis und der Auswertung bemühen.

Generell ist zu hinterfragen, ob es richtig ist, für all die konstruierten Fälle, alle weiteren Parameter unverändert beizubehalten. Es soll einmal daran erinnert werden, dass für alle Fälle folgende Parameter unverändert blieben:

r_R = 0,3 m	Reifenradius
J_R = 0.8 kgm^2	Massenträgheitsmoment der Reifen
A = 2 m^2	Stirnfläche des Fahrzeugs
c_w = 0,3	Luftwiderstandsbeiwert
ρ = 1,2 kg/m^3	Luftdichte
c_1 =0,86	Koeffizient für Reibbeiwertberechnung
c_2 =33,82	Koeffizient für Reibbeiwertberechnung
c_3 =0,36	Koeffizient für Reibbeiwertberechnung

Vielleicht fällt ja für den einen oder anderen Fall eins der obigen Parameter entscheidend ins Gewicht und muss dementsprechend mit berücksichtigt werden. Zum Beispiel ist es denkbar, dass eine Großraumlimousine (case4) eine größere Stirnfläche besitzt.

Darüber hinaus sind die Werte des Reibungsbeiwertes in Abhängigkeit vom Schlupf für den Fall einer Trockenen Asphaltstraße berücksichtig worden. In diesem Fall ist der größte Reibungswert bei 13 % Schlupf (s. Anhang). Die Frage wie der Reibbeiwert bei nassem Asphalt oder bei Schotterstraße oder bei Schnee sich verändert bleibt offen. Möchte man auch diese Fälle nachvollziehen, so müssten entsprechende Reibungskoeffizienten berücksichtigt werden. Im Anhang ist eine Graphik hinzugefügt worden.

Auch ist der Bremsmoment in dem Blockschaltbild als konstante Größe angegeben worden, natürlich macht dies eine bessere Vergleichbarkeit bezüglich Fahrzeuggeschwindigkeit und -masse aus. Es kann aber kritisch hinterfragt werden, wie der Bremsmoment bei einem Sportwagen wie einem Audi TT mi Vergleich zu einem VW Sharan, aussehen könnte. Der Reifenradius würde in der Realität für Fahrzeuge unterschiedlicher Klassen und somit unterschiedlichen Gewichts auch variieren. Wir haben in alle Fälle denselben Reifenradius genommen.

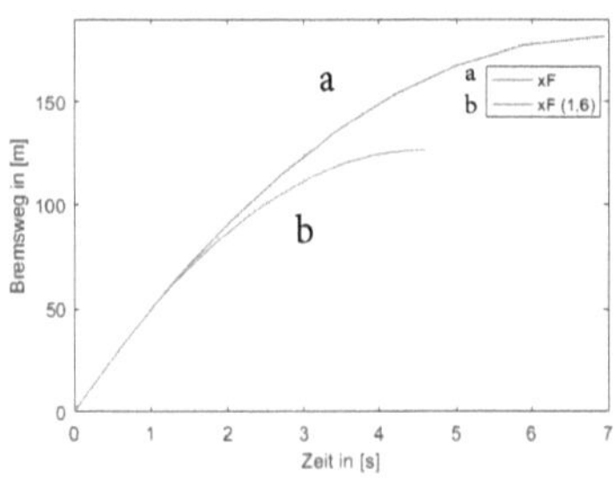

Abbildung 5 Bremsweg bei erhöhtem Nickmoment

Der Nickmoment .In unseren Fällen ist der Nickmoment immer gleich mit dem Faktor 1,5 berücksichtigt- wie im Buch von Prof Sherf eingetragen. Schauen wir mal unseren letzten Fall case5 (vF= 200 km, m=1500) an und gewichten den Nickmoment anstelle von 1,5 mit dem Faktor 1,6.

Die zwei Grafiken verdeutlichen das Ergebnis. Bei einem höheren Wert von 1,6 blockieren die Räder nicht. Die Fahrzeuggeschwindigkeit und die Radgeschwindigkeit sind angeglichener. Das führt dazu, dass die Bremsdauer erheblich verkürzt wird.

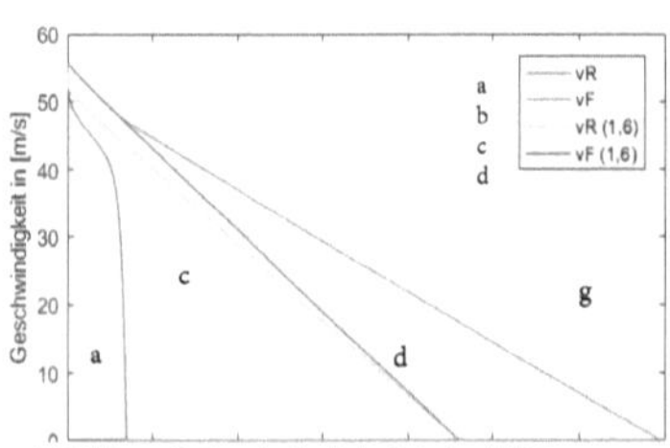

Abbildung 6 Geschwindigkeit bei erhöhtem Nickmoment

Es ist eine zeitlichen Verbesserung von 2,3 Sekunden und einer Bremswegverkürzung um 54, 78 Meter zu verzeichnen. Insgesamt ist das eine erheblich sicherer Bremsvorgang bei dieser

Geschwindigkeit von 200 km/h. Natürlich bleibt hier die Frage was möglicherweise den Nickmoment beeinflusst unbeantwortet. Darauf kann in dieser Arbeit nicht eingegangen werden. Ich möchte mich mit dem Hinweis genügen, dass dieser einen Einfluss auf das Bremsverhalten hat und womöglich genauer untersucht werden muss.

5. Reflexion der eigenen Arbeit

Das Ziel der vorliegenden Arbeit bestand darin, über einleitende Kapitel zum Thema Simulation und Modellierung, den Bremsvorgang eines PKWs (entsprechend Kapitel 4.3 von Prof. Scherf[17]) ohne ABS zu simulieren und dabei Mindesten vier unterschiedliche Fälle mit veränderte Fahrzeugmasse und Fahrzeuggeschwindigkeit zu simulieren.

Die Vorbereitung der Simulation fand über die Diskussion der physikalischen Grundlagen (Kapitel 4.1) und die Erarbeitung der Bewegungsgleichung (Kapitel 4.2) statt. Die Simulation ist in Kapitel 4.3 unter Nutzung von Simulink® erstellt und erklärt worden. Hier wurde auf die wichtigsten Blocks des Blockschaltbildes genügend eingegangen. Besonders der Bezug zwischen den Blocks zu den mathematischen Gleichungen und dem Blockschaltbild ist gut gelungen. In Kapitel 4.4 sind die Ergebnisse der Simulation für sechs unterschiedliche Fälle graphisch abgebildet und textlich erläutert worden. In Kapitel 4.5 fand eine Auswertung der Ergebnisse statt. Eindeutigen Aussagen bezüglich Bremswegs und Bremszeit, die das Fahren sicherer machen, wurden angeführten.

Letztendlich fand eine kritische Auseinandersetzung statt. Diese beruhte letztendlich auf die Fragestellung, wie realitätsnah die Simulantin stattgefunden hat. Es wurde der Gedanke angestoßen, dass vielleicht für besondere Fälle noch der eine oder andere Parameter mit berücksichtigt verändert und angepasst werden soll, um realitätsnäher die Simulation zu gestalten. Einige Anhaltspunkte wie der Radradius, das Nickmoment, und der Reibkoeffizienten für unterschiedlichen Fahrboden wurden in diesem Zusammenhang benannt.

Somit erreicht die vorliegende Arbeit das beabsichtige Ziel und zeigt weiteres Potenzial zu Problembehandlung auf.

---

[17] [17] [17] *Vgl. Scherf, Helmut (2010), Modellbildung und Simulation dynamischer Systeme, S.24*

Literatur

Scherf, Helmut Porf. (2010), *Modellbildung und Simulation dynamischer Systeme, 4. Verbesserte und erweiterte Auflage, Oldenburg Wissenschaftsverlag, München.*

Angermann, Anna Dr. Ing; Buschel, Michael Dr. Ing; Rau, Martin Dr. Ing.; Wohlfarth, Ulrich Dipl. Ing. (2009), *MATLAB®-Simuink®- Stateflow®, 6., aktualisierte Auflage, Oldenbuger Wissenschaftsverlag, München.*

Bosl, Angelika Dipl Ing. (2012), *Einführung in MATLAB/Simulink, Carl Hanser Verlag, München*

VDI Richtlinie 3633(2013), *Simulation von Logistik-, Materialfluss- und Produktionssystemen, VDI- Gesellschaft Produktion und Logistig(GPL), Beuth Verlag, Berlin*

Warschat, Joachim Dr; Wagner, Frank Dipl Ing (o.J.), *Einführung in die Simulationstechnik, IAT Institut Arbeitswissenschaft und Technologiemanagement , Universität Stuttgart.*

Internetquellen:

AUDI.de
https://www.audi.de/de/brand/de/neuwagen/tt/ttcoupe.html#layer=/de/brand/de/neuwagen/tt/ttcoupe.engine_compare.FV307L0.techdata.html, abgerufen am 14.12.2016

BMW.de
http://www.bmw.de/de/neufahrzeuge/1er/3-tuerer/2015/technische-daten.html

LEITPHYSIK.de
http://www.leifiphysik.de/mechanik/reibung-und-fortbewegung/ausblick/reifen-aus-gummi-ein-kompliziertes-reibungsproblem, abgerufen am 03.12.2016

MOBILE.de

http://www.mobile.de/modellverzeichnis/volkswagen/sharan-neuwagen-tab-technische-daten.html, abgerufen am 14.12.2016

http://www.mobile.de/modellverzeichnis/volkswagen/sharan-neuwagen-tab-technische-daten.html, abgerufen am 14.12.2016

http://www.mobile.de/modellverzeichnis/volkswagen/tiguan-tab-technische-daten.html, abgerufen am 14.12.2016

ONPOLUSON.de
onpulson.de, http://www.onpulson.de/lexikon/simulationsmodell/, abgerufen am 27.11.2016

Anhang: Blockschaltbild

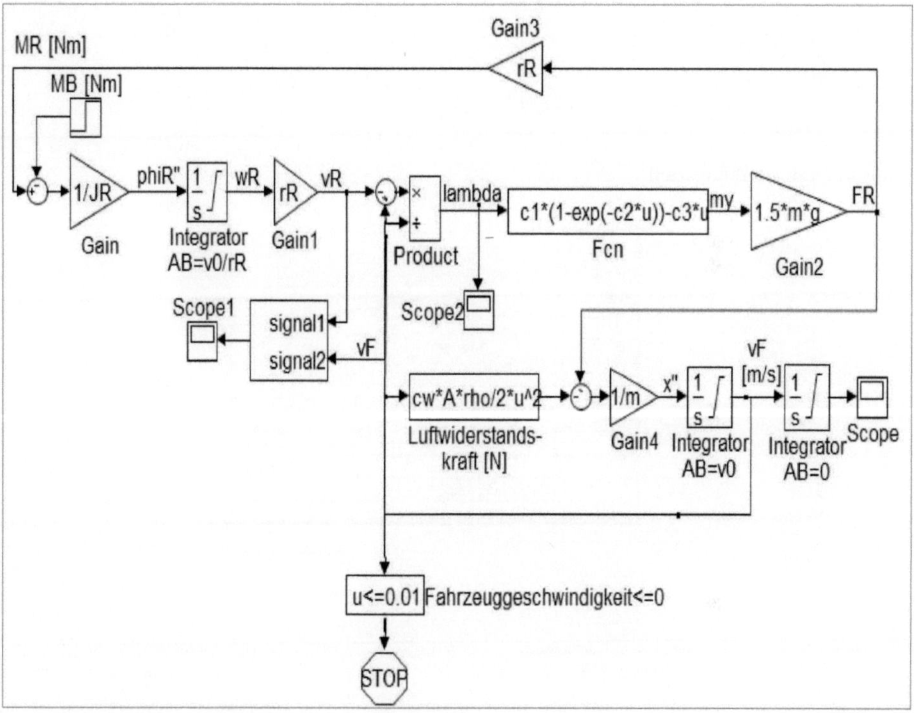

Abbildung 7 Bloschaltbild Simulink®

Anhang: Befehle zur Erzeugung der Graphiken

Für die Erzeugung der Grafiken (Plots) wurden folgende Eingaben im MATLAB Command Window eingegeben:

plot (tout, v (:,2:3),'linewidth', 1);

grid on; hold on; xlim ([0 7]); ylim([0 60]);

xlabel ('Zeit in [s]'); ylabel ('Geschwindigkeit in [m/s]'); legend ({'vR', 'vF'});

bzw.

```
plot (tout, x(:,2),'linewidth', 1);
grid on; hold on;
xlabel('Zeit in [s]');ylabel('Bremsweg in [m]');
xlim([0 7]); ylim([0 190]);
legend({'xF'});
```

Anhang: Reibungszahl

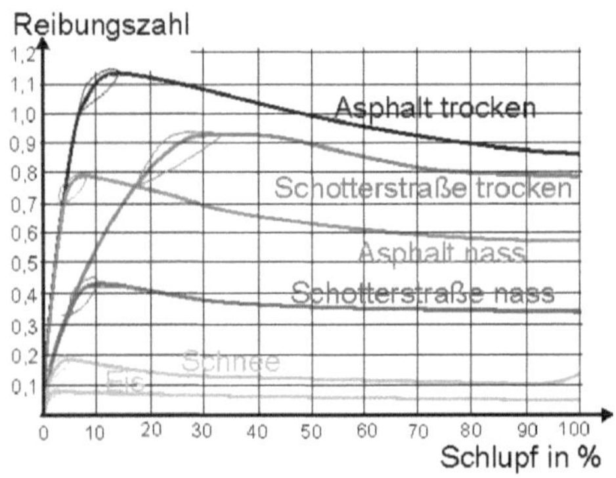

Abbildung 8 Reibungszahl/ Schlupf in Abhängigkeit vom Untergrund

***Quelle**: leitphysik.de, http://www.leifiphysik.de/mechanik/reibung-und-fortbewegung/ausblick/reifen-aus-gummi-ein-kompliziertes-reibungsproblem, abgerufen am 03.12.2016*